# 奇妙的 动植物世界 | 生物百科

## 没有翅膀也会飞的动物

周高升 编著

中州古籍出版社

图书在版编目(CIP)数据

没有翅膀也会飞的动物 / 周高升编著. — 郑州：
中州古籍出版社, 2016.2
ISBN 978-7-5348-5952-6

Ⅰ.①没… Ⅱ.①周… Ⅲ.①动物–普及读物 Ⅳ.
①Q95-49

中国版本图书馆 CIP 数据核字(2016)第 039980 号

策划编辑：吴　浩
责任编辑：翟　楠　唐志辉
装帧设计：严　潇
图片提供： fotolia
出版社：中州古籍出版社
　　　　　（地址：郑州市经五路 66 号　电话：0371—65788808　65788179
　　　　　邮政编码：450002）
发行单位：新华书店
承印单位：河北鹏润印刷有限公司
开本：710mm×1000mm　　　　1/16
印张：8　　　　　　　　　　字数：99 千字
版次：2016 年 5 月第 1 版　　印次：2017 年 7 月第 2 次印刷

定价：27.00 元

# 前 言 PREFACE

　　广袤太空，神秘莫测；大千世界，无奇不有；人类历史，纷繁复杂；个体生命，奥妙无穷。我们所生活的地球是一个灿烂的生物世界。小到显微镜下才能看到的微生物，大到遨游于碧海的巨鲸，它们都过着丰富多彩的生活，展示了引人入胜的生命图景。

　　生物又称生命体、有机体，是有生命的个体。生物最重要和最基本的特征是能够进行新陈代谢及遗传。生物不仅能够进行合成代谢与分解代谢这两个相反的过程，而且可以进行繁殖，这是生命现象的基础所在。自然界是由生物和非生物的物质和能量组成的。无生命的物质和能量叫做非生物，而是否有新陈代谢是生物与非生物最本质的区别。地球上的植物约有50多万种，动物约有150多万种。多种多样的生物不仅维持了自然界的持续发展，而且构成了人类赖以生存和发展的基本条件。但是，现存的动植物种类与数量急剧减少，只有历史峰值的十分之一左右。这迫切需要我们行动起来，竭尽所能保护现有的生物物种，使我们的共同家园更美好。

　　本书以新颖的版式设计、图文并茂的编排形式和流畅有趣的语言叙述，全方位、多角度地探究了多领域的生物，使青少年体验到不一样的阅读感受和揭秘快感，为青少年展示出更广阔的认知视野和想象空间，满足其探求真相的好奇心，使其在获得宝贵知识的同时享受到愉悦的精神体验。

　　生命正是经过不断演化、繁衍、灭绝与复苏的循环，才形成了今天这样千姿百态、繁花似锦的生物界。人的生命和大自然息息相关，就让我们随着这套书走进多姿多彩的大自然，了解各种生物的奥秘，从而踏上探索生物的旅程吧！

# 目 录 CONTENTS

**第一章 飞 鱼 / 001**

飞鱼简介 / 002

飞鱼为什么会"飞" / 005

飞鱼的繁殖 / 010

飞鱼的飞行纪录 / 011

飞鱼岛国 / 014

## 第二章　飞　蛇　/ 015

飞蛇的简介　/ 016

飞蛇的科学分类　/ 017

飞蛇的种类　/ 018

飞蛇的飞行能力　/ 021

## 第三章　飞　蛙　/ 027

飞蛙其实是树蛙　/ 028

飞蛙的简介　/ 029

飞蛙的分布范围　/ 030

飞蛙的习性　/ 031

飞蛙的生殖行为　/ 034

飞蛙的人工饲养　/ 035

红眼树蛙　/ 040

斑腿树蛙　/ 043

红蹼树蛙　/ 045

树蛙化石　/ 047

与飞蛙相关的趣事　/ 048

## 第四章　飞行蝠鲼　/ 051

蝠鲼的简介　/ 052

蝠鲼的特征　/ 054

蝠鲼的外观　/ 057

蝠鲼的生物特性　/ 058

蝠鲼的奇特行为　/ 060

拥有母性光辉的蝠鲼　/ 062

凶猛鲨鱼也让蝠鲼三分　/ 065

蝠鲼的种类分布　/ 067

蝠鲼的生长繁殖　/ 068

形态怪异的蝠鲼　/ 070

与蝠鲼相关的事　/ 071

蝠鲼的保护级别　/ 072

蝠鲼的生存威胁　/ 073

蝠鲼的保护　/ 075

目
录

## 第五章 鼯鼠 / 077

鼯鼠的简介 / 078

鼯鼠的生活习性 / 080

鼯鼠飞行的秘密 / 082

鼯鼠的生长繁殖 / 084

鼯鼠的分布范围 / 088

鼯鼠的种群现状 / 089

鼯鼠的保护措施 / 090

鼯鼠的药用说明 / 091

鼯鼠饲养方法 / 093

中华鼯鼠 / 097

有关鼯鼠的历史记载 / 102

## 第六章 其他没有翅膀也会飞的动物 / 103

飞行壁虎 / 104

奇妙的飞蜥 / 106

会飞的乌贼 / 109

## 附 录 扩展阅读——动物飞行 / 111

# 第一章

## 飞 鱼

　　飞鱼长相奇特，胸鳍特别发达，如同鸟类的翅膀，一直延伸到尾部，整个身体像织布的"长梭"。飞鱼凭借自己流线型的优美体型，在海中以每秒10米的速度高速运动。它能够跃出水面十几米，在空中停留的最长时间是四十多秒，飞行的最远距离为四百多米。飞鱼的背部颜色和海水接近，它经常在海水表面活动。蓝色的海面上，飞鱼时隐时现，破浪前进的情景十分壮观，是海上一道亮丽的风景线。

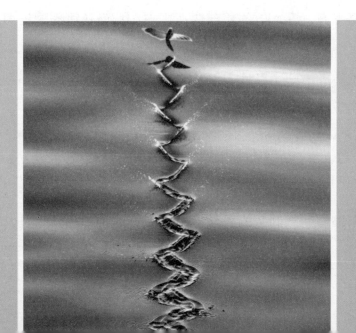

## 飞鱼简介

飞鱼是银汉鱼目飞鱼科约五十种海洋鱼类的统称。

飞鱼广布于全世界的温暖水域，以能飞而著名。它体型小，最大的约长45厘米，具翼状硬鳍和不对称的叉状尾部。有些种类具双翼而仅胸鳍较大，如分布广泛的翱翔飞鱼；有些则有四翼，胸、腹鳍皆大，如加州燕鳐。

飞鱼不是真正的飞翔，而是拍打翼状鳍作滑翔状。飞鱼在水下加速，游向水面时，鳍紧贴着流线型身体，一冲破水面就把大鳍张开，在水中的尾部快速拍击，从而获得额外推力。等力量足够时，它的尾部完全出水，于是身体腾空，以每小时16千米的速度滑翔于水面上方几尺处。飞鱼可做连续滑翔，每次落回水中时，尾部又把身体推起来。较强壮的飞鱼一次滑翔可达180米，连续的滑翔（时间长达43秒）距离可远至400米。

飞鱼是生活在海洋上层的鱼类，是各种凶猛鱼类争相捕食的对象。飞鱼并不轻易跃出水面，每当遭到敌害攻击或者受到轮船引擎震荡声刺激的时候，才施展出这种本领。可是，这一绝

招并不绝对保险。有时它在空中飞翔时，往往被空中飞行的海鸟捕获；有时会因落到海岛上或者撞在礁石上而丧生；有时也会跌落到航行中的轮船甲板上，成为人们餐桌上的美味佳肴。这种情况往往发生在晚上，因为飞鱼的视力在白天敏锐，在晚上则非常迟钝，常常是盲目飞翔。

飞鱼约有8属50种。体型较短粗，稍侧扁；吻短钝；两颌具细齿，有些种类犁骨、腭骨或舌上具齿；鼻孔两对，较大，紧位于眼前；鳔大，向后延伸；无幽门盲囊；全身布满大圆鳞，易脱落；侧线低，近腹缘；臀鳍位于体后部，约与背鳍相对，无鳍棘；胸鳍特别长，最长可达体长的3/4，呈翼状；有些种类腹鳍发达；尾鳍呈深叉形，下叶长于上叶；体色一般背部较暗，腹侧银白色，胸鳍色各异，有黄暗色斑点，具淡黄色或淡黄白色边缘，或条纹。它为热带及暖温带水域集群性上层鱼类，以太平洋种类为最多，印度洋及大西洋次之。中国及临近海域发现的有6属38种，以南海种类为最多。飞鱼由于发达的肩带和胸鳍以及尾鳍和腹鳍的辅助，能够跃出水面，滑翔可达100米以上，这种机能使飞鱼可以逃避金枪鱼、剑鱼等敌害的追捕。有些种类有季节性近海洄游的习性，形成鱼汛。飞鱼有食用价值，多被制成鱼干或鲜食，味道鲜美。

# 飞鱼为什么会"飞"

"海阔凭鱼跃，天高任鸟飞。"蔚蓝色的海面上，飞鱼时隐时现、乘风破浪的场面十分壮观。

## 飞鱼的飞行原因

飞鱼为什么要"飞行"？

海洋生物学家认为，飞鱼的飞行，大多是为了逃避金枪鱼、剑鱼等大型鱼类的追捕，或是由于船只靠近受惊而飞。海洋鱼类的大家庭并不总是平静的，飞鱼是生活在海洋上层的中小型鱼类，是鲨鱼、鲜花鳅、金枪鱼、剑鱼等凶猛鱼类争相捕食的对象。飞鱼在长期的生存竞争中，形成了一种十分巧妙的逃避敌害的技能——跃水飞翔，可以暂时逃离危险的海域。实际上，飞鱼并不轻易跃出水面，只有在遭到敌害攻击、受到轮船引擎

震荡声的刺激时，才施展出这种本领。但有时候，飞鱼由于兴奋或生殖等原因也会跃出水面，有时还会无缘无故地飞跃。当然，飞鱼这种特殊的"自卫"方法并不是绝对可靠的。

在海面上飞行的飞鱼尽管逃脱了海中之敌的袭击，但也常常成为海面上"守株待兔"的海鸟的"口中食"。飞鱼具有趋光性，夜晚若在船的甲板上挂一盏灯，成群的飞鱼就会寻光而来，自投罗网地撞到甲板上。飞鱼的肉特别鲜美，是上等菜肴。

# 飞鱼的飞行秘密

在动物王国里，除了鸟类之外，还有许多会飞的动物。它们虽然没有鸟类那样的翅膀，但"飞行"起来毫不逊色，堪称大自然的奇观。在浩瀚无垠的海洋中，就有许多这样引人注目的"飞行家"。

在我国南海和东海上航行的人们，经常能看到这样的情景：深蓝色的海面上，突然跃出了成群的"小飞机"，它们犹如群鸟一般掠过海面，高一阵，低一阵，翱翔竞飞，场面十分壮观。有时候，它们在飞行时竟会落到汽艇或轮船的甲板上面，使船

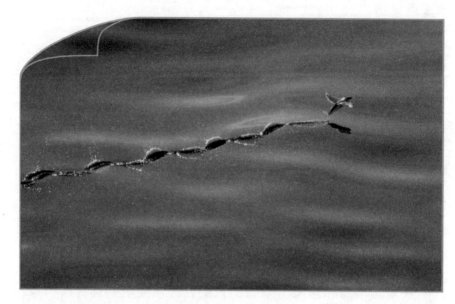

员"坐收渔利"。这种像鸟儿一样飞翔的鱼，就是海洋上闻名遐迩的飞鱼。这是一种中小型鱼类，因为它会"飞"，所以人们都叫它飞鱼。飞鱼生活在热带、亚热带和温带海洋里，在太平洋、大西洋、印度洋及地中海都可以见到它们飞翔的身姿。

飞鱼多年来引起了人们的极大兴趣，随着科学的发展，高速摄影揭开了飞鱼"飞行"的秘密。其实，飞鱼并不会飞，每当它准备离开水面时，必须在水中高速游行，胸鳍紧贴身体两侧，像一艘潜水艇稳稳上升。飞鱼用它的尾部用力拍水，整个身体好似离弦的箭一样向空中射出，飞腾着跃出水面后，打开长长的胸鳍与腹鳍快速向前滑翔。它的"翅膀"并不扇动，靠的是尾部的推动力在空中做短暂的"飞行"。仔细观察，飞鱼尾鳍的下半叶不仅很长，还很坚硬。所以说，尾鳍才是它"飞行"的"发动器"。如果将飞鱼的尾鳍剪去，再把它放回海里，没有像鸟类那样发达的胸肌，本来就不能靠"翅膀"飞行的断尾的飞鱼，只能带着再也不能腾空而起的遗憾，在海中默默无闻地度过它的一生！

## 飞鱼进完食后还能飞吗？

体重对于女生而言多半是个敏感话题，不过对于飞鱼来说则不成问题：飞鱼身体结构特殊——自身没有胃部，食道下端即是肠部，这意味着无论飞鱼吃了多少食物，身体都不会怎么吸收，不久就通过肠部排泄出去——这可真算得上是所谓的"一根肠子通到底"。

所以即便飞鱼进食完毕，体型还是保持得那么好。

# 飞鱼的繁殖

飞鱼在海中的主要食物是细小的浮游生物。

每年的四五月份，它们从赤道附近游到我国的内海产"仔"，繁殖后代。

飞鱼的卵又轻又小，卵表面的膜有丝状突起，非常适合挂在海藻上。

渔民们根据飞鱼的产卵习性，在它产卵的必经之路，把许许多多几百米长的挂网放在海中，借此来捕捉它们。

由于过度捕捞，飞鱼的数量严重下降。另外，由于人类的生产活动给水域带来污染，飞鱼的生存环境也日益恶化。面对飞鱼的生存危机，目前国家有了相应保护措施，使得这种美丽的鱼类受到了保护。

# 飞鱼的飞行纪录

　　飞鱼是个大家族，是银汉鱼目飞鱼科的统称，我国产的飞鱼有弓头燕鳐、尖头燕鳐等。

　　飞鱼的长相很奇特，身体近于圆筒形，虽然没有昆虫那样善于飞行的翅膀，也没有鸟类那样搏击长空的双翼，可是它有非常发达的胸鳍，长度相当于身体长度的2/3，看上去有点像鸟的

翅膀，并向后伸展到尾部。飞鱼的腹鳍也比较大，可以作为辅助滑翔的工具。它的尾鳍呈叉形，在蓝色的海面上扑浪前进、时隐时现的情景，很是逗人喜爱。

飞鱼为什么能像海鸟那样在海面上飞行呢？说得确切些，飞鱼的"飞行"其实只是一种滑翔而已。科学家们用摄影机揭示了飞鱼"飞行"的秘密，结果发现，飞鱼实际上是利用它的"飞行器"尾巴猛拨海水起飞的，而不是像过去人们所想象的，靠振动它那长而宽大的胸鳍来飞行。飞鱼在出水之前，先在水面下调整角度快速游动，快接近海面时，将胸鳍和腹鳍紧贴在身体的两侧，这时它很像一艘潜水艇。飞鱼用强有力的尾鳍左右急剧摆动，划出一条锯齿形的水痕，使其产生一股强大的冲力，促使鱼体像箭一样突然破水而出，起飞速度竟超过18米/秒。

飞出水面时，飞鱼立即张开又长又宽的胸鳍，迎着海面上吹来的风以大约15米/秒的速度作滑翔飞行。当风力适当的时候，飞鱼能在离水面4~5米的空中飞行200~400米，因此，它是世界上飞得最远的鱼。

　　有人曾在大西洋的热带海域测得飞鱼最好的飞翔纪录：飞行时间持续90秒，飞行高度10.97米，飞行距离1109.5米。

　　当飞鱼返回水中时，如果需要重新起飞，它就利用全身尚未入水之时，再用尾部拍打海浪，以便增加滑翔力量，从而让自己得以重新跃出水面，继续短暂的滑翔飞行。

# 飞鱼岛国

　　位于加勒比海东部的珊瑚岛国巴巴多斯，以盛产飞鱼而闻名于世。这里的飞鱼种类有近100种，小的飞鱼不过手掌大，大的有两米多长。在这个美丽的岛国，许多娱乐场所和旅游设施都是以"飞鱼"命名的，用飞鱼做成的菜肴则是巴巴多斯的名菜之一。站在海滩上放眼眺望，一条条梭子形的飞鱼破浪而出，在海面上穿梭交织，迎着雪白的浪花腾空飞翔。繁花似锦的"抛物线"，就像美丽的喷泉，令人目不暇接。瞬息万变的图景美丽壮观，令人久久难忘。游客来巴巴多斯不仅能观赏到"飞鱼击浪"的奇观，还可以获得一枚制作精致的飞鱼纪念章。巴巴多斯因而获得了"飞鱼岛国"的雅号。

# 第二章

# 飞 蛇

飞蛇属于游蛇科，金花蛇属，爬虫类。它身体细长，树栖，主要分布于亚洲南部。飞蛇能做短距离滑翔，滑翔时身体挺直，腹部正中鳞片收缩使腹部微凹。飞蛇多白天活动，捕食啮齿动物、蝙蝠、鸟和蜥蜴等。

## 飞蛇的简介

名称：飞蛇。

分布：亚洲南部。

食物：啮齿动物、蝙蝠、鸟和蜥蜴。

## 飞蛇的科学分类

　　属名：动物界=>脊索动物门=>脊椎动物亚门=>爬行纲 =>有鳞目=>蛇亚目=>新蛇下目=>游蛇科=>金花蛇属。

## 飞蛇的种类

## 金花蛇

中文：金花蛇；英文：Golden tree snake；拉丁文：Chrysopelea ornata。

地理分布：中国南部、中南半岛、马来半岛北部、印度。

形态特征：全长约1米。体呈淡绿色，躯体鳞片上具有黑色边线及中心线。头部和背部则有几条黄绿色横纹。属后牙型蛇类，具有轻微的毒性。

生活习性：卵生。树栖型，具有很强的攀木能力。虽以飞蛇为名，但实际上无法飞行，只能做跳跃的动作。

食性：以各种脊椎动物为食。

# 天堂金花蛇

天堂金花蛇，分布于中南半岛南部、马来西亚半岛、菲律宾、印度尼西亚等地。

# 孪斑金花蛇

　　孪斑金花蛇，分布于中南半岛南部、马来西亚半岛、印度尼西亚等地。繁殖方式为卵生。孪斑金花蛇是非常稀有的蛇类，体型比同属的其他种类略小，人类对其自然习性所知不多。

# 飞蛇的飞行能力

## 飞蛇摇动肋骨产生动力

美国芝加哥大学的杰克·索卡八年来一直在对蛇的飞行能力进行研究。他曾在一份专业杂志上揭示了飞蛇擅长飞行的原因。他说："尽管飞蛇缺乏类似翼膜的附肢，但它们仍是技艺高深的

'飞行运动员'。"

飞蛇在飞行能力方面综合了鸟类、昆虫、蝙蝠、松鼠甚至蚂蚁的特点。它在"飞翔"时整个身体都要摆动或扭曲，其头部与尾巴之间都要发生变化。蛇是由身躯和尾巴组成的，它们的肋骨直达蛇尾。飞蛇摇动自己的肋骨，使它们在形式上能够像飞碟一样飞行。从空气动力学的角度讲，飞蛇的飞行只是滑行。

在飞蛇开始下落时，它们的头部不停左右摇摆，这使它们的身体在空中弯曲成"S"形。飞蛇还能令其身体与地面保持平行。由于没有翅膀，飞蛇通过在空中的某种滑行控制它们的飞行模式，并将身体弯曲成"S"形，以保持在空中飞行的稳定性。这就如同走钢丝者左右摇摆，保持身体平衡一样。

大多数飞蛇都能生长到三四米长，只有三种飞蛇除外。它们能分泌一种不含有害物质的毒液，但这种毒液只会威胁到诸如

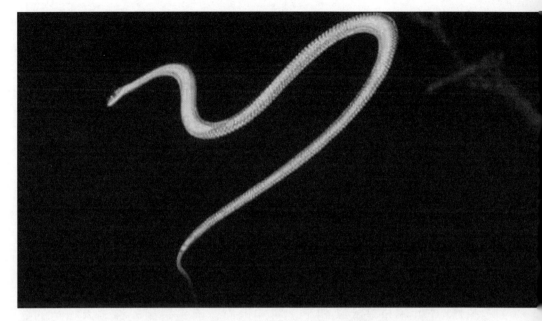

蜥蜴、鸟、青蛙和蝙蝠等小动物的安全，因此飞蛇被列为对人类无害的动物。

## 个别飞蛇能在飞行途中改变方向

索卡发现，天堂树蛇似乎是唯一能在飞行途中改变方向的飞蛇。他说："我了解飞蛇如何改变方向的一些线索，但还不是特别了解。似乎只有当飞蛇的头部指向想要改变的方向时，飞蛇才会真正开始改变方向。"索卡还研究过金花蛇。金花蛇和天堂树蛇都生活在南亚和东南亚低地热带雨林的树上。

# 揭开飞蛇之谜

在东南亚热带雨林中生活着一种颇为奇特的爬行动物飞蛇。这种蛇最喜欢用尾巴将自己挂在高高的树枝上晃荡，然后突然从十多米的高度"飞下来直冲地面"。对其他蛇类或者爬行动物而言，这样的行动无疑是自杀，但飞蛇却能安然无恙。这其中到底隐藏着什么样的秘密呢？

美国弗吉尼亚理工大学的科学家发现，这种蛇在"飞行"途中并不是"大头朝下"直冲地面，而是采用一种颇为独特的姿势在树枝间滑行，在没有翅膀的情况下，它们最远能滑行出约24米。研究人员确认，飞蛇具有无与伦比的空气动力学优势，因此能充分利用自身形态的变化，在外界气流的帮助下，穿梭

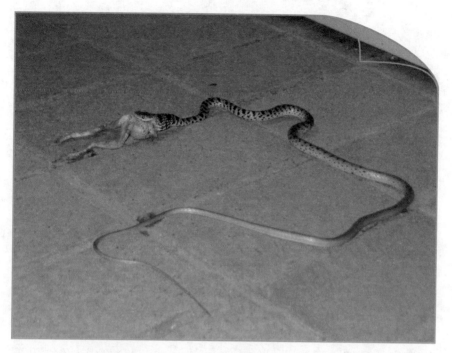

于大大小小的树枝间。

　　在离开树枝后，飞蛇会将自己的身体"变成一个平面"，然后借助身体的左右起伏波动来获得"升力"。它们的滑行速度很快，可达到每秒8~10米。这种波浪形扭动产生的空气动力学效应比蛇自身的重力要大得多，也就是说在滑行的某一瞬间，蛇身体上的合力其实是向上的。不过，蛇是不会向上飞的，因为这种向上的合力转瞬即逝。

　　在飞行中，蛇头始终与气流保持25°仰角，而且半个身体形态不变，只有尾巴在上下摇动。这样，飞蛇就能在滑行期间保持相对平稳的状态，不会重重地摔在地面上。研究发现，一些蛇在空中飞行时甚至还能掉头。在开始跳跃式冲上天空飞行不久后，它们会偶尔下降通过加快速度来获取空中滑行的起始速

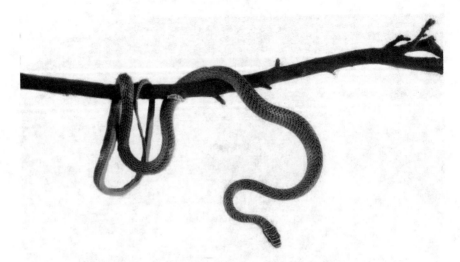

度，并保证能在空中持续滑行。

科学家利用四台摄像机同时记录了飞蛇滑行时的一举一动。他们在蛇身标上白点，从而计算出在飞行的过程中，蛇在空中每个点的位置。研究人员结合动力滑行的分析模型以及作用于蛇身体的力量来建构了"飞蛇动力模型"。他们发现，整条飞蛇本身就像个长长的翅膀，这只翅膀一直在重组、扭曲、重新排列……

这项最新研究是由美国国防部高级研究计划局赞助实施的。该局系美方发展革新性军事技术的秘密机构。有关资料称，研究飞蛇的滑翔之谜对发展未来无人驾驶汽车有重要意义。今后，人们将进一步探索飞蛇在空中的姿态变化，以便彻底揭开飞蛇滑翔之谜。

# 第三章
## 飞　蛙

　　飞蛙——树上的跳跃者，是在马来西亚和印尼发现的，它们习惯生活在高高的树梢上。这种青蛙拥有带蹼的长脚趾，而且四肢之间有扁平的皮肤，它们利用这些东西，可以从树梢上降落下来。

# 飞蛙其实是树蛙

　　飞蛙更为人所知的名字是树蛙，主要分布在印度和东南亚国家，我国南方地区也有。

　　树蛙，无尾目树蛙科中的一属，体多细长而扁，后肢长，吸盘大，指、趾间有发达的蹼，树蛙可以用其在空中滑翔。

# 飞蛙的简介

　　树蛙属于无尾目树蛙科的一属，体多细长而扁，后肢长，吸盘大，指、趾间有发达的蹼。树蛙有很多种，分布于亚洲和非洲亚热带和热带湿润地区。中国有29种，斑腿树蛙分布最广，北达甘肃南部，南至西藏南部。

## 飞蛙的分布范围

蛙科有10～12属200～300种，广泛分布于亚洲和非洲热带和亚热带地区，在马达加斯加岛上也能见到。最著名的飞蛙当数亚洲的几种树蛙，如黑掌树蛙和黑蹼树蛙等。

# 飞蛙的习性

飞蛙生活在树林里，夜间捕食蚱蜢。它能跳跃到两米远的树枝上，如果下一棵树更吸引它的话，它也能跳得过去。飞蛙弹射到空中，张开网状的脚趾来滑翔。它还能收缩腹部，增添升力。这样，它一次能滑翔15米。

飞蛙昼伏夜出，每当夜晚来临，飞蛙便情绪激动起来。它能随环境的变化而变换自身的颜色，既可以逃避天敌，又能够诱捕猎物。

多种树蛙栖息在潮湿的阔叶林区及其边缘地带，体背多为绿色，有的树蛙的体背颜色随环境而异。

繁殖习性反映了树蛙的生活方式，多数种类在伸向水塘上空的枝叶上产卵。在四五月雨后的傍晚，峨眉树蛙的雄蛙和雌蛙爬到树上，选择垂向水池的枝叶，雌性先排出液体，借左右胫跗关节相互搅拌，形成泡沫状，卵即产于泡沫内；雄性排出精液，使卵受精。如此反复，历时2~3小时。产卵后，雄蛙立马离开，雌蛙以后肢将卵泡用叶片包卷起来之后才离去。卵泡乳白色。孵化前后泡沫液化。

　　小蝌蚪通过运动或被雨水冲刷，到达树下水池，在此继续生长发育，完成变态。

　　斑腿树蛙生活在池塘或稻田旁边的草丛中，卵泡产在草间或浮于水面。

　　在中国的树蛙中仅海南树蛙不产卵泡。海南树蛙栖息在小溪附近，卵产在溪边的水坑内。斯里兰卡的小鼓膜树蛙在陆地上产卵约20粒，无卵泡。雌蛙有护卵习性，直接发育成幼蛙。

　　黑蹼树蛙树栖性强，体极扁平，胯部细，指、趾间的蹼发达，肛部和前后肢的外侧有肤褶，增加了体表面积。从高处向

低处滑翔时蹼张开，可以减慢降落的速度。

黑蹼树蛙可从4～5米的高处抛物线式滑翔到地面，从而有了"飞蛙"之称。

# 飞蛙的生殖行为

　　生活在树上的飞蛙在树叶上产卵。它的卵连同一种被称为"蛋白"的物质一起产出后，成年蛙把它们敲打成一种泡沫团。不久，这种泡沫团就变得外壳坚硬，里面却仍能保持湿润。蛙卵及其以后变成的蝌蚪就安全地待在里面，一直等到雨水把它们冲进池塘。

## 飞蛙的人工饲养

## 植 物

树蛙是养在缸里的。养蛙前要先养植物。

选择什么样的植物呢？要根据所养的树蛙大小来决定栽植哪些植物。尽可能选用具有大而肥厚的叶子的植物栽种。由于大

型树蛙的蛙尿喷到植物上，会加速植物的死亡，所以要等植物长到一定高度时再放蛙入缸。

# 环 境

树蛙害怕光亮、陌生的环境，可以将蛙缸三面贴上黑纸，但是不要完全贴满三片缸壁，要留下有太阳光的那面给植物。如果蛙缸置在阴暗的角落处，平时就算日光再大，进光度也颇低，因此建议购买一只上部有灯座、一般机械式定时器，按照时间

定期开关，确保植物不会枯萎。

另外，饲养箱有时会有臭味，主要是因为玻璃上或是缸内有蛙的排泄物，所以当有异味时要擦拭玻璃，并将缸内的粪便清理干净。

# 攀爬物

由于一般的树蛙脚指头都有厚厚的吸盘，喜欢到处攀爬，因此适当的攀爬物是必然的选择。可以选择具有驱虫效果的樟木。如有更佳的选择，请自行择优挑选。

# 蛙缸大小

一般树蛙白天都隐藏在叶子的背后，晚间才开始活动。因此蛙缸最好有一定的高度，最好不要使用30厘米以下的饲养箱。另外缸内的蛙密集度也不要太大，因为蛙的排泄物容易交互感染。

# 底部过滤

大部分选择方便取得且材质轻巧的发泡炼石、木皮、桎石等，方便过滤蛙缸上的蛙尿。

# 底材的选择

利用椰壳作底材是最理想的选择。一来容易清洁蛙黑色的粪便（容易辨识到底是木屑、土还是粪便），二来蛙的身体也不容易沾满泥土，在美观及清洁上都有不错的功效。如果有更佳的底材可自行择优挑选。

# 湿度与温度

饲养环境保持约30%的湿度，要放置水盆于蛙缸底部，蛙如果燥热，身体会分泌黏膜。如果观察到水中有黏膜出现，应及时更换、补充水量。蛙缸温度不必刻意保持，比室外温度低2℃～3℃即可。温度如果一直过高，可以购买浇花塑胶手压式喷压器，经济许可的话可以使用塑胶喷头或者金属喷头、定时器等定时洒水，保持缸内的湿度及植物的水分吸收。

# 红眼树蛙

　　红眼树蛙与绝大多数的树蛙一样属于完全夜行性的动物。红眼树蛙体型也属于大型树蛙，任何能够塞进口中的动物及昆虫它们都会吃，包括同类幼体在内。但不移动的食物它们是无法察觉的。

　　红眼树蛙很容易饲养，也不难在人工环境中繁殖。初进缸的树蛙需浸泡水中或淋浴一天以上，这样做可以大幅降低死亡率。红眼树蛙平日以果蝇及蟋蟀为食，昼伏夜出，十分适应人工环境。它们并不常跳跃，反而是快步行走较多。红眼树蛙进食是先用口咬住猎物再用前肢将食物塞进口中吞下，通常一周只要饱食2～3次就足够了。成年红眼树蛙每次可以吃3～5只中等大小的蟋蟀。如果是幼蛙，尽量选择体型较小的蟋蟀喂食。在喂食前20分钟先

将蘸有钙粉和维生素粉的红萝卜或菜叶喂给蟋蟀，然后再把吃饱了的蟋蟀喂给树蛙。蘸有钙粉以及维生素粉的蟋蟀的食物，每周喂食一次即可。值得注意的是红眼树蛙经过长期人工饲养后，如果没有补充足够的维生素和钙粉，眼睛和手脚的红色会逐渐褪色成橘色，而腋下的蓝色斑纹也会渐趋模糊，甚至出现后肢瘫痪乃至死亡的情形。

　　饲养树蛙的宠物缸与一般横式鱼缸不同，因为树蛙具有垂直移动的习性，所以饲养缸横宽并不重要，但高度要越高越好。内部种满植物并需要保持缸内湿度。可采用细砾石作为垫材，在饲养箱底部铺设2～3厘米的细砾石，洒上水，然后在上面再铺上一层苔藓，放入色彩较接近泥土色的水盆。植物方面，尽量选择容易向上长高而且根部不会因水分过多而腐烂的品种。

在放入植物前，务必将植物完全冲洗干净，植物的叶子上可能带有残留的肥料或者杀虫剂，这些对树蛙都是有毒的。它们的寿命4~10年。由于它们是群居动物，所以可以混养，是一种很理想的宠物。

红眼树蛙在幼年期无法判别雌雄，到成年后可以从体型大小来区分。雌蛙比雄蛙至少要大三分之一。红眼树蛙的繁殖期在3月到10月。交配时雄蛙紧抱雌蛙，雌蛙一产卵雄蛙便同时授精，每次30~50颗白色的蛙卵黏在水塘上树叶的背面，大约5天左右蛙卵会孵化成蝌蚪而从树叶上掉落在水塘中。蝌蚪也是肉食性动物，经过70~80天，就能变态成幼蛙而回到树上生活。幼蛙经过一个月的成长便展现出与成蛙相同的体色，有一对大红眼，十分可爱。这时因为蛙体很小，所以只能喂食残翅果蝇、蚂蚁、蟋蟀等。幼蛙在约一年后就可进入成蛙期。

# 斑腿树蛙

斑腿树蛙的雌蛙体长约61毫米，雄蛙约45毫米。体扁平。口阔，吻略尖圆，吻棱明显；鼻孔近于吻端，眼大，凸出。眼径与吻等长，眼间距大于鼻间距，鼓膜显著。皮肤平滑，背面有极细微的痣；腹面满布颗粒状扁平疣，颞褶平直而较长，达肩后方。体色变化很大，常随栖息的环境而变化。一般背面为浅

棕色，上面有黑色或黑棕色斑纹，成纵条状、"X"形或黑点状；四肢背面有黑色或暗绿色横纹，成斑点状；肛门附近及腿后方有黄、紫、棕及乳白色交织成的网状斑纹。腹面乳白色。前肢长，指端均有吸盘及横沟，指间无蹼，指侧均有缘膜。关节下瘤发达。后肢细长，胫长约为体长的一半，足短于胫；趾吸盘小于指吸盘，趾间有蹼。关节下瘤与内跖突小而明显，无外跖突。

斑腿树蛙多栖于草丛中、玉米地或稻田内，有时在竹子上或其他植物上。在我国，它主要分布于四川、江苏、浙江、江西、贵州、福建、广东、广西、云南、台湾等地。

# 红蹼树蛙

红蹼树蛙是中国的特有物种，主要分布于西藏、广西、海南、云南等地，多生活于茶树、草地、灌丛小乔木上。其生存的海拔范围为80～2100米。

红蹼树蛙栖息于海拔2100米以下的热带和亚热带地区，常在靠近静水池塘或水沟的灌丛和草地上活动。它主食瓢虫、蛾类、

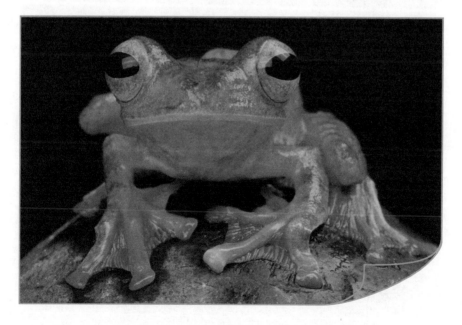

蝶类幼虫以及脉翅目昆虫。卵产于树叶上，雌蛙筑泡沫状卵巢。雄蛙有单咽下内声囊，鸣声悦耳。

红蹼树蛙的蝌蚪胖瘦程度适中，全长47毫米时，头体长18毫米，尾长29毫米。体扁平，胯部甚细；头长大于头宽；吻端尖出，超出下颌，吻棱较明显，鼻间距小于眼间距；鼓膜显著，犁骨齿略作弧状斜，左右不相遇。其外侧达内鼻孔前内角；舌窄长，后端缺刻深。瞳孔横置，可成窄线状。指端均有吸盘及横沟；背部皮肤平滑，胸腹及股下方满布小圆扁疣。背部为红棕色，上有不明显的深色斑纹，一般背部有一深棕色"×"斑，背部后端有几条深色横纹；体侧亮黄色；胯部、股外侧为橘黄色；四肢上有深色横纹；趾间蹼为猩红色；腹面为黄色。成体腋部及体侧各存一对黑斑。

# 树蛙化石

　　墨西哥南部恰帕斯州的一名矿工在2005年无意中发现一块罕见的黄色琥珀，这块黄色的琥珀中完好地保存着一只小树蛙。此后一位私人收藏家买下了它，后来又"暂借"给科学家们进行研究。科学家对这块琥珀以及它被埋藏的地质层展开研究，推断琥珀中的树蛙已经有2500万年的历史。有专门研究琥珀的学者表示，从理论上说，如果这块琥珀密封得很好，那么该树蛙体内的DNA物质就不会被氧化，人类还有可能从它的身上提取DNA样品。

## 与飞蛾相关的趣事

## 模仿树蛙脚趾制成的黏合剂

人们一直认为，树蛙能够依靠脚趾将身体紧粘并倒挂在树枝上是一个奇迹。如今，印度理工学院坎普尔分院的科研小组受树蛙脚趾特殊结构的启发，突破性地研制出一种黏性超强的黏合剂，强度是普通黏合剂的30倍，而且每次从物体上撕落时都非常干净，不留任何痕迹。科学家们相信，这种新型黏合剂的用途将非常广泛。

科学家们发现，树蛙脚趾下有血管和分泌黏液的腺组织，因此，他们就模仿这种特性，研制出了一种新型黏合剂。这种新型黏合剂像吸饱了水的海绵一样，强大的表面黏力可以将胶带与被粘物体牢牢地贴在一起。这样一来，胶带不仅可以解决标签撕不干净且容易被粘贴物刮花的恼人问题，还可以被用作可反复使用的超强黏合性涂层，比如用在需要实现最大限度抓握力的手套上。这种神奇的胶带还可以被轻而易举地撕落，不会留下任何残留物。

　　研究小组成员阿尼曼苏·伽塔克博士说："在动物世界中，黏合机制的进化经历了数百万年的考验，因此非常奇妙神奇。这些动物单单一只脚的黏合力就高达其体重的50到100倍，而且可以在任何时候迅速解除黏力。此外，跟绝大部分的人造黏合剂不同的是，这种黏合性不会受灰尘或其他微粒的影响。科研小组则由树蛙脚趾可分泌黏液的腺组织获得灵感，使超级胶带也拥有类似结构，一旦出现裂缝可生发出黏液。如此一来，胶带表面的张力就可以使得物体和胶带之间紧密黏合。值得一提的是，因为增加的黏液由富有弹性的材料制成，所以胶带使用之后可以恢复到使用前的状态重复使用。过去人们从新买的物品上面撕下标签时，物品表面经常会残留黏合剂。新型胶带可以使人们免除这一烦恼，因为新型胶带不但具有超强黏性，而且极易清理干净。"

　　伽塔克博士及其同事在模型黏合剂中增加了用弹性材料制作的微型黏液存储管，结果整个黏合剂保持了一种弹性，可以在使用过后立即恢复原态。英国格拉斯哥大学的琼巴尼斯一直致力于树蛙黏合性研究，他表示，向自然界学习是时代的必然趋势，未来科学家们将可以在自然界中找到更多类似的模型，用以改进这项黏合技术。

# 飞蛙趣闻

在亚洲森林中的一只飞蛙的滑翔过程中，它的脚趾是完全伸展开来的。在某种程度上，它不能控制滑翔的距离和方向。

一只马来西亚飞蛙在结束滑翔时，它的每只脚都像一顶小小的降落伞，使它能缓慢地降落下来。

飞蛙会在一天中改变肤色。在阳光明亮的白天，它们是蓝绿色的；傍晚，它们会变成绿色；到了晚上，它们就变成黑色的了。

# 第四章
## 飞行蝠鲼

蝠鲼（fú fèn）属软骨鱼纲鲼科。从生物学角度上说，它并不是一个具体物种，而是一个生物属，包括多个种类。它的身体扁平，有强大的胸鳍，类似翅膀，在海洋中巡游。胸鳍前有两个似耳朵的突起，可以向口中收集食物。牙齿细小，主要以浮游生物和小鱼为食，经常在珊瑚礁附近觅食，性情温和。

## 蝠鲼的简介

　　蝠鲼一般体平扁，宽大于长，最宽可达8米，体重可超过1吨。体盘菱形，头宽大平扁；吻端宽而横平；胸鳍长大肥厚如翼状，头前有由胸鳍分化出的两个突出的头鳍，位于头的两侧；尾细长如鞭，具有一小型背鳍，一些种类的尾上有一个或更多

的毒刺；口宽
大，前位或下
位；牙细而
多，近铺石状
排列；上、下
颌具牙带，或
上颌无牙；鼻
孔位于口前两

侧，出水孔开口于口隅；喷水孔较小，三角形，距眼有 定的
距离；鳃孔宽大；腰带深弧形，正中延长尖突。卵
胎生。化石见于第三纪至近代。

　　蝠鲼是一种生活在热带和亚热带海域底层的软骨鱼类，被当
地人称为"水下魔鬼"，但实际上蝠鲼是一种非常温和的动物。
它缓慢地扇动着大翼在海中悠闲游动，并用前鳍和肉角把浮游
生物和其他微小的生物拨进它宽大的嘴里。当游泳时，头鳍从
内向外卷成角状，向着前方；有时成群游泳，雌雄蝠鲼常偕行。
主要食浮游甲壳动物，其次食成群的小型鱼类。鳃耙多角质化，
呈羽状筛板，起滤水留食作用。

## 蝠鲼的特征

　　蝠鲼是鳐鱼中最大的种类。虽然它没有攻击性，但是在受到惊扰的时候，它的力量足以击毁小船。它的个头和力气常使潜水员害怕，因为一旦发起怒来，它那强有力的"双翅"一拍，就会拍断人的骨头，置人于死地。蝠鲼的习性也十分怪异。它性情活泼，常常搞些恶作剧。有时它故意潜游到在海中航行的小船底部，用体翼敲打着船底，发出"噼噼啪啪"的响声，使船上的人惊恐不安；有时它又游到停泊在海中的小船旁，把肉角挂在小船的锚链上，把小铁锚拔起来；有时它用头鳍把自己挂在小船的锚链上，拖着小船飞快地在

海上跑来跑去，使渔民误以为这是"魔鬼"在作怪。

最小的蝠鲼是澳大利亚的无刺蝠鲼，体宽不超过60厘米。大西洋的前口蝠鲼是鲼科中最大的种类，宽可达7米，体黑或褐色，强大但不伤人。

蝠鲼的尾巴有微弱电流但并没有毒，而与它形态上相似的魟的尾巴带有剧毒。

# 蝠鲼的外观

　　在蝠鲼的头上长着两只肉足，那是它的头鳍。蝠鲼的头鳍向前突起，可以自由转动，蝠鲼就是用这对头鳍把食物拨入口内吞食。在英语中，蝠鲼被错称为"魔鬼鱼"，主要是因为它的形状吓人。蝠鲼游泳时，扇动着三角形的胸鳍，拖着一条硬而细长的尾巴，像在水中飞翔一样。它能做出一种旋转状的跳跃，随着旋转速度越来越快，迅速上升，跳出海面。蝠鲼一般能跳出水面1.5米。在繁殖季节，蝠鲼有时用双鳍拍击水面，跃起在空中翻筋斗。

# 蝠鲼的生物特性

蝠鲼主要栖居在热带和亚热带的浅海区域，较少停留或栖居在海底，从离海岸较近的表水层到120米深的海水中都能看见它们的身影。蝠鲼平时安静而沉稳，喜欢独自在大海中畅游，过着四海为家的流浪生活。而且它们没有任何领地行为和攻击性，从不攻击其他海洋动物，两只蝠鲼相遇时也会相安无事，在遇

到潜水者时，蝠鲼常常会羞涩地离开。不过，有些好奇心强的个体会受到氧气瓶呼出的气泡吸引而迎上前来，并喜欢被人类抚摸躯体——这和"魔鬼鱼"的恶名大相径庭。

蝠鲼体形虽大，但却以浮游生物、甲壳动物和小鱼为食。它们是走到哪里吃到哪里的机会主义者，发现食物丰盛的区域后便呈直线般地来回游动，将食物集中在相对窄小的区域。头部那对可以转动的头鳍在捕食时的作用大过牙齿，可以将大量的浮游生物顺势吸纳到大嘴中。

# 蝠鲼的奇特行为

蝠鲼最具特色的一个习性就是它那"凌空"般的飞跃绝技！经科学家观察发现，蝠鲼在跃出海面前需要做一系列准备工作：在海中以旋转式的游姿上升，接近海面的同时，转速和游速不断加快，直至跃出水面，时而还会伴以漂亮的空翻。最高时，它能跳1.5~2米高，落水时发出"砰"的一声巨响，场面极为优美壮观。

　　那么，蝠鲼为什么要跃出海面呢？科学家对此行为产生过种种猜测，直至今日仍众说纷纭。有人说这是雌雄蝠鲼在繁殖季节里演绎的调情游戏；还有人认为这是一种驱赶、诱捕食物的方式；多数人则相信这是一种甩掉身上寄生虫和死皮的自我清洁方式；然而，有些科普读物上则认为，此行为是雌性蝠鲼生孩子时的独特动作。关于蝠鲼的众多谜团还有待动物学家今后的观察和研究。

# 拥有母性光辉的蝠鲼

在南美洲沿海，明月当空，风平浪静，一只小船在缓缓地前行。忽然，从水下飞出一个怪物，黑黢黢的一片，比圆桌面还要大！船上的人还没看清它的真面目，它已经落入水中，不见了。但是过了一会儿，那怪物又从海里钻出，升上空中，这才显露出它的真相。这是一条蝙蝠样的怪鱼，扁平的身体像魟，发达的胸鳍像蝙蝠的翅膀，身后拖着一条长尾巴。最奇特的是它的头部有一对"角"。其实，那不是角，而是鳍。

蝠鲼的头鳍并不是装饰品，它起着筷子一样的作用：头鳍通常是用来捕食微生物及浮游生物的，它可以帮助形成水流使微生物顺着水流顺利滑入口中。

一条巨大的蝠鲼宽度可达6米，重量为500千克。当它在黑夜中由水下"飞出"后，在空中滑翔，看上去确实很可怕。怪不得在国外，人们称它为"海中恶魔"。蝠鲼的滑翔本领当然不能跟飞鱼相比，但它可以"飞"过小帆船的桅顶。对于这种庞大而笨重的鱼来说，这已经很不简单了。

　　蝠鲼的滑翔有时是为了保护孩子，有时是受到敌害的追击，有时可能是身上有寄生虫，它被折磨得受不了。

　　雌蝠鲼非常爱护自己的孩子。它不像别的鱼，一次产卵就有几千几万粒，比如翻车鱼可以说是鱼类中的高产能手，一次产卵可达三亿粒。蝠鲼不产卵，它是胎生的，这在鱼类中又是少有的事。它每次只生一胎，无怪乎它要宠爱"独子"了。

　　小蝠鲼一生下来就有20千克重，长约1米，不了解这种鱼的人，初见之下还以为是大鱼，其实，它仅仅是个刚刚出生的"婴儿"。

　　有些渔民因为不熟悉蝠鲼的这种习性，有时会招来横祸。小渔船上的渔民发现一条有头鳍的鱼，兴冲冲地抛下网去，这下可惹祸了！只见后边钻出一条硕大的鱼，也有着一对头鳍，腾空而起，像飞将军一般泰山压顶地降落下来。它的那条长尾巴

一拖，擦过渔民身子，扑腾一声巨响，落入水中。

渔民尖叫一声，身上顿时冒出了鲜血，接着一阵剧痛。原来那是--条雌蝠鲼，它正带着自己的"独子"在游水，一看到有危险，为了保护心爱的"独子"，它蹿出水面，向敌人攻击过去。它的尾部暗藏着可怕的武器——一根锋利的毒刺，被它刺中后疼痛异常。

# 凶猛鲨鱼也让蝠鲼三分

　　据专家介绍，蝠鲼在海洋中已有1亿年的历史，是原始鱼类的代表，虽然它们都是大家伙，但它们主要以浮游生物和小鱼为食，经常在珊瑚礁附近巡游觅食且性情温和。虽然，它们没有攻击性，但是在受到惊扰的时候，它的力量足以击毁小船。

由于蝠鲼的肌力大，所以连最凶猛的鲨鱼也不敢袭击它。蝠鲼喜欢成群游泳，有时潜栖海底，有时雌雄成双成对升至海面。在繁殖季节，蝠鲼有时用双鳍拍击水面，跃起在空中翻筋斗，能跃出水面，在离水一人多高的上空"滑翔"，落水时，声响犹如打炮，波及数里，非常壮观。至于，蝠鲼为什么要跳出水面，至今仍是一个谜。整年在南海都可见到蝠鲼。它每年6月～7月洄游至福建、浙江沿海，于8月～9月去黄海，10月～11月返浙江沿海，12月至翌年2月～3月沿原来路线洄游南返。蝠鲼肉可食，肝可制油，内脏和骨骼可制鱼粉。

# 蝠鲼的种类分布

　　蝠鲼的英文名称是manta，源于西班牙语，意为毯子，这看看它的体型就知道了。又因其在海中优雅飘逸的游姿与夜空中飞行的蝙蝠相仿，故得此中文名：蝠鲼。第一次见到蝠鲼的人总会因它"异形"般的外表而惊恐，它很难令人将其与正统的鱼类联想到一起。其实，这种古老的鱼类早在中生代侏罗纪时便出现在海洋中了。1亿多年间，它们的体型几乎没有发生什么变化。从分类学上来说，蝠鲼和鲨鱼的亲缘关系最相近，同属软骨鱼纲。鲼形目蝠鲼科，现存3属13种，遍布于南北纬35度之间的大西洋、太平洋和印度洋海域。在中国东部和南部海域能见到4种：双吻前口蝠鲼、日本蝠鲼、台湾蝠鲼和无刺蝠鲼。

# 蝠鲼的生长繁殖

　　每年12月到翌年4月间是蝠鲼的繁殖季节。此时热带海域的水温在26℃～29℃间，蝠鲼开始成群出现在浅海区，通常是几只体型较小的雄性一起尾随在体型稍大的雌性身后，游速比平时略快。经过20～30分钟的追逐后，雌蝠鲼逐渐放慢速度，雄蝠鲼则游到雌蝠鲼身下，并用胸鳍"爱抚"其身体。完成短暂

的交配后，雄蝠鲼则扬长而去，接下来第二个追求者会重演以上的过程。不过，雌蝠鲼最多只接受两个"意中人"的追求——1～2枚受精卵在雌性体内发育并孵化出仔鱼。大约13个月后，小蝠鲼会直接从母体中产出，不久就能自由游动，独闯天下了。小蝠鲼5岁时达到性成熟，适龄者便可延续自己的基因，它们的寿命约为20年。

由于蝠鲼栖息范围广阔，人们难于开展统计和调查工作，因此蝠鲼的野生数量一直不为人知。蝠鲼繁殖率很低，生长缓慢，而过度捕捞、栖息环境的污染会对其种群造成危害。为了保护蝠鲼，一些产区采取禁捕等措施。但愿人类能早日消除对这种"温柔怪鱼"的误解，海面上能更多地出现它们腾空飞跃的矫健身姿。

# 形态怪异的蝠鲼

　　最小的蝠鲼体长不超过60厘米，而最大的则可超过7米，如大西洋毯魟。大西洋毯魟也叫巨蝠鲼，它体力强大，连凶猛的鲨鱼也不敢对它怎么样。蝠鲼也称毯魟，英文的意思是"魔鬼魟"。它得名如此的原因，一是人们觉得它们的头部太怪，二是传说它们会吃人。其实这是对它们的误解。我国福建、浙江一带可见某些种类的踪影。因为蝠鲼有洄游的习惯，所以在一个地方不会常年见到它们。

# 与蝠鲼相关的事

2012年9月2日，浙江省台州市渔民在福建外海捕获一只被称为"魔鬼鱼"的蝠鲼。这条鱼重达1000千克，体形巨大，胸鳍张开长度近8米。后来这条蝠鲼被切割后运往市场销售。

# 蝠鲼的保护

　　世界自然保护联盟的"红色名单"总是和最新的科学发现保持一致。例如，科学家此前一直认为世界上只有一种蝠鲼存在，即礁石蝠鲼，不过人们后来又发现了一种新的亚种——巨型蝠鲼，这两种动物都已被列入"红色名单"之中。巨型蝠鲼是鳐鱼中体型最大的种类。

　　蝠鲼的繁殖周期较长，达到性成熟需要8到10年的时间，平均寿命30年计，它一生最多可以产16条小蝠鲼。

　　在传统中医理论中，蝠鲼的鳃耙（硬骨鱼类每1个鳃弓的内缘生有两排并列的骨质突起，称为鳃耙）拥有非常高的药用价值，因此蝠鲼市价很高，这也是它被渔民大量捕杀的原因。专家称，对蝠鲼市场进行监管和规范非常必要，此外还要对它们的主要栖息地进行保护。

# 蝠鲼的生存威胁

蝠鲼不能向后游，因为其突出的头鳍，它们很容易被鱼线、网甚至是松散的系泊绳缠住。

蝠鲼常常会翻筋斗。如果它的身上缠着线的话，它很容易被细线割开。同样，蝠鲼往往被困在沿海和远洋渔业中使用的刺网中，大多数情况下，它会窒息死亡。

海洋渔业中的物品和意外死亡事件有可能严重影响蝠鲼的生长，有针对性的捕捞对蝠鲼更为有害。在过去的十年中，对蝠鲼鳃耙的需求在亚洲不断地增长。每年，成千上万的蝠鲼被捕杀，而人类仅仅是为了它们的鳃耙。

# 蝠鲼的保护

　　曼塔信托基金是一个总部位于英国的慈善机构，致力于研究和保护蝠鲼。该组织的网站也具有大量的生物学的信息资源。

　　美国动物保护组织蓝色星球（Blue Sphere）2013年前拍摄了一组水下唯美照片，让一名身材火辣的金发女郎与"魔鬼鱼"蝠鲼共舞，以此来呼吁人们加强对这种软骨鱼类的保护。

　　这组照片现场感十足，画面精美，被命名为"蝠鲼最后的舞

蹈"。蓝色星球方面解释说，2013年的联合国《濒危野生动植物种国际贸易公约》大会即将举办，该会议三年举行一次，它们希望通过此次大会将蝠鲼列入应该受到保护的濒危动物名单。拍摄这组照片的目的，也正是为了制造舆论，呼吁国际社会更好地保护已有灭绝危险的蝠鲼。

# 第五章

## 鼯　鼠

鼯鼠也称飞鼠或飞虎，是对松鼠科下的一个族的物种的统称。鼯鼠的飞膜可以帮助其在树中间快速的滑行，但由于没有像鸟类那样可以产生阻力的器官，因此鼯鼠只能在树中间滑翔。鼯鼠主要分布于亚洲、欧洲和美洲的热带森林，已发现多达43个不同种类的鼯鼠。由于被人类大量猎杀，鼯鼠很可能在不久的将来灭绝。

## 鼯鼠的简介

　　鼯鼠属于哺乳纲，啮齿目，松鼠科。鼯鼠中以复齿鼯鼠最著名。鼯鼠是典型的树栖类，与松鼠科亲缘关系很近，不同点是前后肢之间有被软毛的皮褶，皮褶又称飞膜。当爬到高处后，它会将四肢向体侧伸出，展开飞膜，就可以从空中向远处滑翔，因而又被称为飞鼠，为我国特有的品种。一般成年鼠体长约25厘米，尾巴几乎与身体等长。当它不开飞膜时，外形类似松鼠，背毛呈灰褐或黄褐色，腹面灰白色，四足背毛橘红色。鼯鼠头宽、眼大、耳廓发

达，前后肢间有宽而多毛的飞膜，后肢略长于前肢。鼯鼠主要以植物为食，尤其爱吃松树、柏树的籽实、针叶和嫩皮，也喜欢含油

脂多的坚果和嫩叶，偶尔捕食甲虫等小型动物。

鼯鼠体型多为中等。小飞鼠属体长13厘米以上，大鼯鼠属体长50厘米以上；多数种类的毛色都比较艳丽；牙齿多为22颗。

鼯鼠虽称"飞鼠"，但它们并不具备飞行能力，而是利用肢体与躯干间好似降落伞一样的翼膜在空中滑翔。这种没有推进力的滑翔显然更适于体型较小的啮齿类动物，这也就是为什么绝大多数鼯鼠的身长在13到30厘米之间的原因。绒鼯鼠是鼯鼠家族的一个另类，它们站立起来高达61厘米，浓密的尾巴伸直后的长度也有61厘米。70多年前，这种鼯鼠便被打上已灭绝的标签。1995年，纽约州的两位自然爱好者在巴基斯坦北部地区再次发现绒鼯鼠。失而复现之后，绒鼯鼠身上的神秘色彩也再度成为人们的热门讨论话题。在巴基斯坦的一些亚文化中，绒鼯鼠的尿液被当成催情剂，它们的叫声据说预示着死亡。

# 鼯鼠的生活习性

鼯鼠喜欢栖息在针叶、阔叶混交的山林中。它习性类似蝙蝠，白天多躲在悬崖峭壁的岩石洞穴、石隙或树洞中休息，洞内铺有干草，冬季有用干草封闭洞口御寒的习性。鼯鼠性喜安静，多独居生活。它夜晚外出寻食，在清晨和黄昏活动得比较

频繁。它行动敏捷，善于攀爬和滑翔。

　　鼯鼠素有"千里觅食一处便"的习性。无论它的活动范围多大，都固定在一处排泄粪便。它一般在栖息的洞穴附近，选一个较大的洞穴排便，其粪便常年堆积而不霉烂。

# 鼯鼠飞行的秘密

鼯鼠从树上跳下时，它们会把体表皮肤展开，这个时候它们看起来就像风筝或者降落伞在空中滑翔。这种动物可以通过移动腕关节或者调整翼膜的松紧度改变方向。鼯鼠最明显的标志是颈侧、体侧一直到尾基部有由皮褶形成的皮膜与四肢相连。当它从一棵树上跳到另一棵树上时就展开身体侧面的皮膜滑翔。

它可以在树间滑翔相当长的距离，一般是30～50米，最远能滑翔450米。因此，才会使人误认为鼯鼠会飞翔。

当鼯鼠活动时，它首先爬到高大的树枝上，瞄准目标，用后肢将身体弹出，伸展四肢，迅速张开皮膜，准确地向目标滑翔过去。尾巴在滑翔过程中起着舵的作用，通过左右摆动调整滑翔方向。降落时鼯鼠可以把尾巴伸直，降低滑翔的速度。如果落在地面上，它只能笨拙地沿树干攀缘而上，然后再重新滑翔。

# 鼯鼠的生长繁殖

## 发情交配

每年春季为鼯鼠的繁殖季节，交配多在2～4月进行。人工饲养时，可在繁殖期间将发情的鼯鼠配对饲养，让其自由交配，也可将雄鼠放入雌鼠处，待交配完成后，再放入另一发情雌鼠笼内。鼯鼠的发情期一般为1～4天，此期间雌鼠和雄鼠的生殖器都呈红色，并向外翻出。交配前它们相互呼唤并追逐，稍后即开始交配，一般几小时内可连续交配多次。

只有双方配合好才会受精，否则可能发生咬伤现象。如果雌鼠在一个发情期内没有受孕，大约7天后，还会再次发情交配，直到受孕。发情期的鼯鼠食欲下降，应尽可能提供少而精的食物，如松子、柏叶等。

# 怀孕产仔

鼯鼠的孕期为70~90天，一般年产1胎，每胎产仔1~4只，多数为2只。怀孕期间应加强雌鼠的营养，可捉些甲虫等小动物投喂，应从中期开始增加精料的比例，可用玉米煮成粥，再加些食糖喂给雌鼠，另外添加些钙粉和维生素，以满足胎儿发育的需要。5~7月为鼯鼠的产仔期，临产前的雌鼠乳房肿胀、尿频，产仔多在夜间进行，此期间饲养场内应保持绝对安静，以免影响雌鼠的正常产仔。

# 哺乳育幼

刚出生的仔鼠娇弱无毛，眼睛未开，嗜睡。它一般在18日龄以后睁开眼睛，40日龄开始长毛。雌鼠的哺乳期为30~40天，也有长达100～120天的。哺乳期间须调理好母鼠的营养，增加食物的质和量，补喂果蔬和精料，如加糖的玉米粥、胡萝卜、野果等，确保母仔正常发育。还要注意观察母鼠的哺乳情况，发现母鼠乳量不足时（如产仔数多），需及时另找产仔少的母鼠代养或进行人工哺乳。一般每只母鼠仅能哺乳两只仔鼠。鼯鼠的母性很强，非常爱护仔鼠，不足三个月龄的仔鼠均由母鼠带养，在此期间可给仔鼠饲喂加糖的玉米面粥及嫩叶等。直到仔鼠长到3月龄，才可独立出巢活动，此时应及时将母鼠和仔鼠分开饲养，以免环境骤变时，母鼠咬伤仔鼠。离开母鼠的仔鼠应按大小分群饲养。

# 饲养温度

　　6月初还不到两个月大的小鼠，晚上就需要注意保暖，尤其北方的气温，温度太低很容易感冒，晚上要给它们多加一点垫材，早上的时候更换垫材，白天注意空气流通。6月底以后的小鼠，白天就需要注意防暑降温，气温太高引起的中暑对小鼠来说是致命的。可以采取保持室内空气流通、白天在笼子里放几个装有凉水的瓶子、放一块瓷砖等方法，当它感觉到太热时就会自己趴在上面降温。这些可以预防小鼠高温中暑。

# 鼯鼠的分布范围

鼯鼠属于哺乳纲，啮齿目，松鼠科，全世界现存13属34种，中国有7属18种，其中中国特产的有3种：复齿鼯鼠、沟牙鼯鼠和低泡飞鼠。本类动物多数分布在亚洲东南部的热带与亚热带森林中，仅有少数几种分布在欧亚大陆北部和北美洲的温带与寒温带森林中。

复齿鼯鼠（又称橙足鼯鼠）是我国特有的品种，主要分布于甘肃、青海、河南、云南、贵州及西藏等地。棕鼯鼠，分布于福建、广东、广西、四川、云南、台湾等地。红白鼯鼠，分布于湖南、云南、台湾等地。

# 鼯鼠的种群现状

鼯鼠在适宜的栖息地可能还保持一个较稳定的密度。但近些年来，人类经济活动的发展，再加上开山采石，使其栖息地遭到一定的破坏。同时，非法滥捕也给鼯鼠种群生存带来严重威胁，不少地方的数量已经减少。如果再不注意保护，鼯鼠的数量将继续减少。

## 鼯鼠的保护措施

鼯鼠主要分布在深山区，因为野外数量稀少，且具有重要的经济、科学研究价值，已被列入国家一级保护动物名单。同时，鼯鼠也被列入国家林业局2000年8月1日发布的《国家保护的有益的或者有重要经济、科学研究价值的陆生野生动物名录》。

# 鼯鼠的药用说明

鼯鼠的粪和尿可入药，在中药中被称为五灵脂。干燥零散的鼯鼠粪粒被称为五灵脂米或散灵脂。粪粒和尿黏结在一起的粪块称为灵脂块或糖灵脂。灵脂块药效较高，质量好，一年四季均可采收，但以春、秋季为多。春季采收的品质为佳。采得后，拣净砂石、泥土等杂质，晒干，用纸包好装在木箱内，防止其受潮，即可作为商品五灵脂出售。

人工饲养的鼯鼠仍保留在固定地点排泄粪尿的习性，这给养殖者的收粪工作提供了方便。设计养殖场所时，可在鼯鼠的排粪处安装可固定的防锈浅容器，这样可以取放自如，也使尿液不易外流，易形成灵脂块，提高灵脂的质量。采收时间因季节而有所不同，夏季应该勤收，一般1~2天收1次，春、秋季节可1~2周收集1次，冬季则一般在过冬后1次性收集。如果尿液过多，可适当增加采收次数。

五灵脂的质量高低主要取决于鼯鼠的取食种类。一般吃松子、核桃等油性大的食物的鼯鼠，排出的粪便含树脂较多，多

为块状，中心溏软，外表润泽发亮，气味恶臊，称作溏灵脂，品质极佳；若过多采食油性较小的阔叶、水果、谷类等物，这类鼯鼠排泄的粪便中树脂少、纤维多，多呈粒状，气味腥臭，外表深褐色，内部充满黄绿色的碎植物，松软不能黏连成灵脂米，品质较差。

采收时应注意将品质不同的粪便分开收集。收集好的粪便先去掉杂质，再晒干即可。入药时可用酒或醋炒干，效果较好。

# 鼯鼠饲养方法

## 饲养方式

鼯鼠的人工饲养方式主要有箱养、笼养、室养和窑养四种。饲养者可根据条件因地制宜，选择最佳的方式。

1. 箱养：箱养法是用木板制成一个长、宽、高为100厘米×50厘米×60厘米的箱子，再用木板将箱体分隔成上、下两层四个小室。上面两间为休息室，深度为30厘米，内放垫草，用一根木棍斜置到箱底，供鼯鼠上下活动用；下面两间分别为采食饮水、排泄粪便所用。箱体的一面用玻璃，便于观察。箱的两端分别设铁纱网门，以利通风，便于操作。为充分利用空间，可将养殖箱叠垒成2～3层放置，但最底层的饲养箱一定要垫离地面几厘米以防潮。

2. 笼养：在室内放置若干个较大的铁丝笼，在距笼底60～80厘米高处设一开口式巢箱，大小为30厘米×40厘米×30厘米。

笼内放些较粗的树枝供其攀爬或休息，饮食器具可放在笼底。另外在比鼯鼠巢略高处固定一个木板作为排粪处。笼养的优点是，鼯鼠的活动空间相对大些，运动可以加快鼯鼠的新陈代谢，使其排粪量也相应地增多。

3. 室养：可分为洞养和箱养两种，洞养是在室内墙壁上高1米左右处修建若干凹洞，洞口直径约15厘米，洞深35厘米、高30厘米。为便于粪便的收集，可另建几个洞口，供鼯鼠定点排粪。食物及饮水放在洞外的地面，在室中央设置一些高1.5米以上的枯树、假山供其攀爬和滑翔。另外放些干净的软草在室内，供其自行营巢。箱养是用40厘米×30厘米×30厘米的木箱固定在墙上代替墙洞供鼯鼠栖息，木箱放置的高度以70～100厘米为宜，在箱体的一端开口供其出入。室内其他设施与窑养相同。

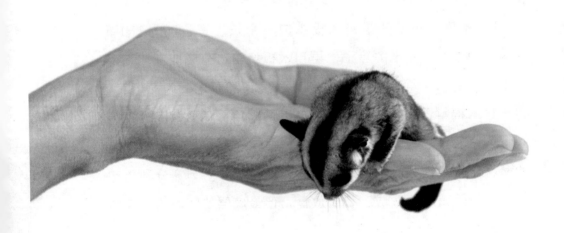

4. 窑养：适合于干燥的山区养殖。窑洞具有冬暖夏凉的优点，比较接近鼯鼠的野生栖息环境。可利用现有的窑洞或专门挖掘的窑洞作为鼯鼠的养殖场所。窑洞高最好在2米以上，面积大小适中，在70~100厘米的高处修建若干洞穴，洞口直径约15厘米，洞深约40厘米、高30厘米，供一只鼯鼠栖息。窑洞壁上可插几块木板或另建几个洞口较大的洞，作为鼯鼠排泄粪便的场所。窑内可埋置高1.5米以上的枯木供其攀爬活动，同时备些干草、枝叶等供其自行营巢。食物及饮水统一放在窑内地面。

# 饲料选择

在人工饲养条件下，给鼯鼠投喂的饲料多为新鲜的柏树、松树、榆树、枣树、杏树的树叶以及松子、橡实、板栗、核桃等。枝叶要新鲜青绿，可在采来的枝叶上洒些水，以保持新鲜，因为干枯的枝叶鼯鼠不爱吃。在鼯鼠的繁殖期（每年2～6月）可用玉米面煮成糊状，加少量白糖喂母兽和断奶仔兽，以补给营养物质。

河北、山西民间饲养鼯鼠较多。

# 中华鼯鼠

## 中华鼯鼠简介

中华鼯鼠似松鼠，眼圆大，耳廓发达，身多柔毛，灰褐或棕灰色，前后肢之间有宽而多毛的飞膜，借此从树上或岩壁上向

下滑行。

在我国分布，被称为中华鼯鼠的有沟牙鼯鼠、毛耳飞鼠、黑向鼯鼠、红白鼯鼠、棕足鼯鼠、小鼯鼠、海南鼯鼠、白颊鼯鼠、丽鼯鼠、白斑鼯鼠、台湾鼯鼠、棕鼯鼠、灰鼯鼠、云南鼯鼠、低泡飞鼠、飞鼠、黑白飞鼠、复齿鼯鼠等，这些种类的鼯鼠多产于四川、云南、贵州、广东、广西、台湾、海南、甘肃、西藏、福建、青海、河南、新疆、吉林、黑龙江、河北、陕西等省区。鼯鼠的粪是著名的中药材——五灵脂。五灵脂含有树脂、尿素、尿酸、维生素A等成分，性味咸温，具有缓解平滑肌痉挛、止痛活血的功能，主治心绞痛、胃痛以及妇科血滞腹痛等症。以五灵脂为原料的著名方剂有"失笑散"等。

# 中华鼯鼠的生活习性

中华鼯鼠，主要生活在柏树林山地中。其生活习性有六大特点：

一是不垒窝，居住在现成的岩壁石缝或洞穴中。

二是喜安静，胆小。

三是有两怕，既怕寒冷，又怕高温。

四是昼伏夜出觅食。

五是定点排便。

六是滑翔。一旦遇到敌害及特殊情况，展开飞膜从上往下滑行逃走。

## 中华鼯鼠的繁殖

中华鼯鼠的寿命一般为7～10年，繁殖年限7～8年。每年2～4月为鼯鼠的交配期，母鼯鼠在发情期发出悠扬而动听的求偶声，公鼠听声即到，很快完成交配。母鼠怀孕期为75天，每

年产1胎，1胎产1～3只，少数达5只以上。


# 五灵脂的收取与加工


提高入药的五灵脂的质量，关键在于"五抓"：一抓是适时采收。鼯鼠的粪尿，在一年四季均可收取，但以春、秋季为多，且质量较高。二抓是除杂质。为保证五灵脂纯洁，要拣净砂石、泥土等杂物。三抓是晾晒。五灵脂要自然干燥，为此，应把五灵脂放在有阳光、有风的地方晒干。四抓是包装。把自然干燥好的五灵脂，用纸包装好，放在箱中保存待销。五抓是防潮。要把装五灵脂的箱子放在干燥通风的地方。

# 有关鼯鼠的历史记载

　　最早记载鼯鼠并且给予定义的是公元前3世纪中国的词典《尔雅》。但由于科技等多种原因的不发达，《尔雅》中对鼯鼠的定义比较含糊，由于鼯鼠可以滑行而将其定义为鸟类的一种。后随着时间的推移，越来越多人开始研究鼯鼠，并细分出多个属。鼯鼠在古代人眼中有着多种本领，《荀子·劝学》说鼯鼠"五技而穷"：能飞不能上屋，能缘不能穷木，能游不能渡谷，能穴不能掩身，能走不能先人。明代旅行家马欢著的《瀛涯胜览》内的哑鲁国提到东南亚种鼯鼠："山林中出一等飞虎，如猫大，遍身毛灰色。有肉翅，如蝙蝠一般，但前足肉翅生连后足，能飞不远。"

# 第六章
## 其他没有翅膀也会飞的动物

真正能够飞行的动物只有鸟类、昆虫和一种哺乳动物——蝙蝠。其他动物都是通过从高处跳下或者从低处跃起，达到在空中滑行的目的。除了之前介绍的飞鱼、飞蛙、蝠鲼和鼯鼠之外，世界上还有几种通过这种方式在空中"飞行"的动物。

## 飞行壁虎

## 飞行壁虎简介

　　飞行壁虎是蜥蜴目的一种。它背腹扁平，被覆镶嵌排列的粒鳞或杂有疣鳞。指、趾端扩展，其下方形成皮肤褶襞，拥有翼膜，可在墙壁、天花板或光滑的平面上迅速爬行，或是从高处滑翔而下。体色一般为铜褐色，体型比大壁虎小，一般以虫

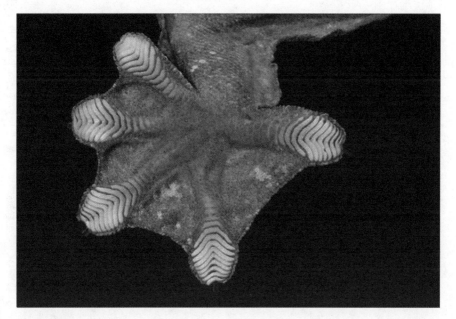

类为食。

这种壁虎拥有翼膜，它可以借助翼膜从树梢等高处滑翔而下。人们经常把飞行壁虎当作宠物喂养。

## 主要产地

飞行壁虎主要生活在东南亚的热带雨林一带，也有部分进入人类的房屋生活。

# 奇妙的飞蜥

## 飞蜥的简介

飞蜥，俗称飞蛇、飞龙。

飞蜥虽多为褐色或灰色，雄体在交配季节发生明显的体色变化，或成鲜红、蓝和深浅不等的黄色。飞蜥每次产2～20个卵，每年可产卵数次。

飞蜥体侧有由5～7对延长的肋骨支持的翼膜，具有发达的喉囊和三角形颈侧囊。它体长150毫米以下，尾长约为体长的1.5倍。已知的飞蜥约16种，主要分布于南亚及东南亚。中国产裸耳飞蜥和斑飞蜥两种，分布于中国云南、西藏、广西和海南等。

飞蜥栖息于热带、亚热带海拔700～1500米的森林中，常在树上活动，很少下到地面。飞蜥在树上爬行觅食时，翼膜像扇子一样折向体侧背方。在林间滑翔时，翼膜向外展开。飞蜥滑翔可改变方向，但不能由低处飞向高处。飞蜥以昆虫为食。

## 飞蜥的飞行秘密

　　飞蜥和蜥蜴是一个家族，都是爬行动物。飞蜥并不像蝙蝠那样能在空中飞翔，或者说飞蜥不会飞，它只能从一棵树上滑行到另一棵树上，滑行的距离一般在50米左右。那么它是靠什么来滑行的呢？

　　原来，飞蜥有5~7根长长的肋骨，能在身体两侧展开，同时把与肋骨相连的松弛而有弹性的皮肤带起来，形成两个大"翅膀"，就像撑开的伞一样。飞蜥滑行是为寻找食物，当它看到雌性飞蜥时，也会突然展开它那橘黄色的大"翅膀"来炫耀自己。当它遇到敌害时，也会将"翅膀"反复张合，产生一种闪光，将敌人吓跑。

　　还有一种饰蜥也会将自己的前襟张开，像一把撑开的伞一样，看起来身体仿佛增大了几倍，但它不是为了滑翔，而是为了吓唬敌人。

# 会飞的乌贼

　　许多人常将乌贼称为乌贼鱼，其实乌贼并不是鱼，而是生活在海洋里的头足类软体动物。当遇到敌害时，乌贼除了施放墨汁以迷惑敌人之外，它还有一种逃避敌害的绝技，即空中飞行。在海洋中有几种乌贼能从海面跃起，像飞鱼一样在空中飞行一定的距离，甚至也能飞到船的甲板上，因此，这类乌贼有海上"活火箭"之称。

　　乌贼飞行的动力来自颈部的特殊管道——水管向外喷水而获得的反作用力，因此乌贼是躯干向前倒退着飞行的，这同它在水中高速游动时的姿势一致。在飞出水面之前，乌贼在水中将腕足紧紧叠成锥形，长

长的触腕伸直，后鳍紧贴住外套膜，把摩擦阻力减少到最低限度，然后就以喷射方式剧烈运动，当达到最大速度时，乌贼就斜着身子向上急冲，猛然跃出水面。在空中，乌贼立即将鳍展开，第二、第三对腕也最大限度地张开成拱状，并张开腕上由保护膜形成的独特"前鳍"。这样乌贼的头部和躯干就形成了最佳的飞行形态。其飞行速度每秒可达9～12米。由于乌贼不能像飞鱼那样利用风力在空中随机应变作曲折飞行，而且在飞行中它的后鳍长长的末端还拖在水里，因此乌贼飞行的距离要比飞鱼短得多，飞行高度通常不超过1米。据说乌贼最好的飞行成绩是5～6米高，50～60米远，当然这样的飞行距离对于逃避敌害也完全足够了。

# 附　录
## 扩展阅读——动物飞行

　　在动物世界中有许多种类的动物具有飞行能力，其中以鸟类为最。飞机的发明在许多方面就是受到鸟的启示。

　　在动物进化发展的过程中，昆虫是最先获得飞行能力的。在脊椎动物方面，中生代的翼龙是著名的能飞行的爬行动物，但它已于6800万年前灭绝。鸟类和哺乳动物中的蝙蝠是获得完善飞行能力的高等脊椎动物类群。飞蜥、鼯鼠等都具有不同程度的滑翔能力。

# 飞行动物类群

在动物进化发展的过程中，昆虫是最先获得飞行能力的。在脊椎动物方面，中生代的翼龙是著名的能飞行的爬行动物，但已于6800万年前灭绝。鸟类和哺乳动物中的蝙蝠是获得完善飞行能力的高等脊椎动物类群。飞蜥、鼯鼠等都具有不同程度的滑翔能力。

动物躯体的结构在适应飞行的过程中发生过显著的变化。就飞行动物的主要飞行器官——翼的结构来说，也表现出从简单到复杂、从低等到高等这一发展历程。

一些作短距离滑翔的动物还没有形成真正的翼，仅是躯体的某些部分变形成为宽阔的膜状物，借以在滑翔时支撑体重。

例如：飞鱼的"翅膀"实为发达的胸鳍，借尾鳍剧烈摆动击水而冲入空中，靠胸鳍的快速摆动可在18秒内贴水面滑行100～150米；飞蛙的前后趾间生有宽大的膜蹼，攀爬树端跳跃时靠脚蹼滑翔数十米；飞蜥的体侧皮肤扩张成翼膜并与四肢连接，可滑翔60～70米的距离。

昆虫、鸟类和蝙蝠是具有羽翼飞行能力的动物，在进化过程中以不同的途径获得了飞行器官，昆虫的翅膀生于第2与第3胸节背方，由1或2对有弹性的翼膜构成，鸟与蝙蝠的翼则由前肢演变而来。蝙蝠前肢的指骨特别长，整个指骨、肱骨、后肢和尾骨间均覆有薄而柔韧的皮肤膜，借前肢运动挥动皮膜而实现飞行。

# 鸟翼的构造和功能

鸟翼是鸟类飞行的主要器官，鸟翼的骨骼薄而轻，并有充气现象。很多骨骼为适应飞行生活或并合或消失。这特别表现在前肢变形方面：手骨（腕骨、掌骨和指骨）简化而并合，前肢仅能在一个平面上做折翅和张翅的运动，因而有利于在胸肌支配下形成一个有力的抗击空气的整体。翅上着生的羽毛是翼的重要组成部分，其中在手骨上着生的称为初级飞羽，在前臂上着生的称为次级飞羽。它们在扇翅时产生不同的力，前者产生推力，后者产生升力。

此外，在鸟翼的翼角（腕部）生有一小簇羽毛，也对飞行起重要的控制作用。每一支飞羽都由羽轴和羽片构成。羽轴的基部深入皮肤内，羽片由羽轴两侧平行伸出的很多羽枝构成。每一羽枝两侧密生成排的羽小枝，上有钩突，彼此勾连，因而构成坚韧而富有弹性的羽片。飞羽的结构对鸟类飞行的适应还表现在每一羽的外羽片狭窄，内羽片宽阔，各羽从外向内逐次覆盖。羽轴在气流作用下还略有旋转能力，因而当鸟类扑翼飞行时，飞羽之间随扬翅而出现裂隙，这样便于空气通过，而在扇翅时各羽连合成严实的翼面以获得最大的动量。

整个鸟翼的背部为弧面，空气流过时能产生巨大的升阻力，有利于飞翔。

鸟翼是一种轻巧的可变翼，它既有机翼那样的飞行表面，又因翅尖向下、向前扇击而有推进器的功能，借不断改变翼的形状、大小以及翼与躯体间的相对位置而适应各种条件下空气动力学的需要。

鸟类的尾翼宽而坚韧，张开时状如团扇，在飞行中起舵的作用，有助于着陆、转身和减速。各飞羽末端之间的裂隙和气流作用下的弹性变形，也能使气流趋于平缓。鸟类飞行时的翼梢涡流可产生阻力，是由翅下方来的向外气流与翅上方来的向内气流所构成的旋涡引起的。

加长翼的长度可以减少这种涡流，能分隔开翼端涡流的干扰。因此长而狭的翼比短而宽的翼飞行更为有效，但机动性稍差。

展弦比大的升阻比值也高，善于翱翔的大型海鸟信天翁，展弦比为25，海鸥和雨燕为11，乌鸦为6，麻雀为5。

翼负载（体重与翼面积的比值）对鸟类飞行也有重要的作用，快速飞行的鸟类大多具有较小的翼和较快的扇翅频率，而翼面积较大的鸟类则能较缓慢地扑翼飞行。

这是因为升力和阻力与翼面积、速度平方的乘积成正比，所以大型鸟类一般翼负载较大，例如天鹅为200帕、野鸭为100帕、乌鸦为30帕。

# 飞行的基本类型

飞行动物的结构和功能尽管千差万别，但飞行的基本类型可分为三类，即滑翔、翱翔和扑翼飞行。

## ★ 滑　翔

从某一高度向下方飘行。滑翔得以持续的条件是：体重/速度＝移动距离/失高。升力与阻力的比值越高，滑翔角度越小，下沉也越慢，因而有较远的水平滑翔距离。飞鱼、飞蛙、飞蜥和鼯鼠等的飞行都属于滑翔。鸟类的扑翼飞行也常伴以滑翔，特别是在着陆之前。

## ★ 翱　翔

翱翔是一种从气流中获得能量的飞行方式，也是一种不消耗肌肉收缩能量的飞行方式，一般分为静态翱翔和动态翱翔两类。

静态翱翔利用上升的热气流或障碍物（如山、森林）产生的上升气流。蝴蝶、蜻蜓和一些鸟类（如鹰和乌鸦等）能利用这种垂直动量及能量产生的推力和升力。动态翱翔利用随时间或高度不断变化的水平风速产生的水平动气流。许多大型海鸟（如信天翁和海鸥）普遍采用这种飞行方式。风经过海面时，越接近海面越因摩擦力而受阻，因而在约45米高的气层中产生许多切层，其风速从最低处的零达到顶层的最高速。海鸟利用这种动量在气流中盘旋升降，不需要扑翼即可翱翔。

## ★ 扑翼飞行

借发达的肌群扑动双翼而产生动力，是飞行动物最基本的飞行方式。

昆虫、蝙蝠和鸟类多是扑翼飞行。它们在沿水平线飞行时，翅膀向前下方挥动产生升力和推力，当推力超过阻力或升力等于体重时就能保持继续向前的速度。昆虫在扬翅和扇翅时都能产生升力和推力，这是因为它们在扬翅时翼呈"8"字转动，借翅膀的上表面转向后下方击动空气获得推力。

鸟类在正常飞行中，扬翅时不产生推力，而是靠前一次扇动时产生的水平动量向前冲，内翼（次级飞羽）则产生升力。鸟类翅膀的形状、翼幅、负载、翼面弧度、后掠角以及飞翔的位置，均随翅膀的每一次扇动而发生变化。扑翼频率和幅度也随翼的连接角和飞行速度而改变。

鸟类扑翼飞行的空气动力学原理至今尚未得到充分解释。一般说来，在扇翅时翅尖向前向下产生推力，而内翅（次级飞羽）仍能产生升力。翅尖具有大的连接角，不具备韧性就会失速。

扇翅时翅尖的力能使每一根羽毛转动，并使其在气流压力下向上弯，每一根羽毛如同螺旋桨那样产生推力。当产生的推力大于总的阻力时，鸟的飞行速度就会增加。

# 人类的扑翼飞行

人类的飞行最早是受到动物，特别是鸟类飞行的启发。

人类飞行的第一步尝试是单纯模仿飞鸟的试验。据文献记载，中国最早的飞人试验是在西汉王莽时代。中世纪后在欧洲做类似尝试者也不乏其人。古代飞人试验一般是把大鸟羽翼绑在人体上，靠重力从高处滑翔而下，结果往往都失败了，最理想的也只是短距离地飘落，根本无法飞起来。人们经过若干世纪的反复试验终于认识到，这种将鸟翅强加于人体的做法并不能使人升空，必须制造出相应的机器才能把人送上天空。

16世纪初，意大利的达·芬奇曾将物理学和解剖学知识应用于鸟类研究，做了大量有关扑翼飞行的笔记并绘制了草图。按照达·芬奇的研究理论，人体需俯卧在飞行器上，靠划动两根装有鸟羽的桨而飞行。这种设计其实是对鸟类飞行原理的误解，但据此人们认为扑翼飞行能在短时间内提供巨大升力，是理想中的最佳飞行方式。因此在相当长的时间内，它成为飞行器探索者的主要研究对象。

然而，揭开鸟类飞行秘密不仅是飞行器探索者孜孜以求的事，也是生物学家和生理学家热衷研究的课题。扑翼器械实际上是"飞人"的延伸。鸟的骨骼强而轻，胸肌发达，心脏搏动和新陈代谢都很迅速，这些远非人类所能及。试验证明，一个体格健壮的运动员即使做最大努力，也只能在极短时间内（约0.1秒）发出1.47千瓦的功率。

经过长期反复实践，人类终于摸索出几条通往天空的道路：

①根据热空气气球原理而发明轻于空气的飞行器；

②靠旋转面而直升飞行；

③靠固定的翼面产生升力。

第一种属于轻于空气的飞行器（如气球、飞艇等）。第二种来自某些飞行技艺（如竹蜻蜓）和昆虫飞行的启示。第三种除受风筝等面状物的启示外，主要受到鸟类和其他飞行动物的启发。因此，早期的飞行器探索者大多借鉴于会飞的动物。人在空中遇到的问题和鸟在空中遇到的问题相同，解决的办法也同样巧妙，飞机的各主要部件都能在鸟身上找到对应的部位。

据国外媒体报道，真正能够飞行的动物只有鸟类、昆虫和一种哺乳动物——蝙蝠。其他动物都是通过从高处跳下或者从低处跃起，达到在空中滑翔的目的。下面简单介绍四种通过这种方式在空中"飞行"的动物。

### 1.飞行蝠鲼

蝠鲼属于蝠鲼属。它们可以生长到17英尺(约5.2米)宽，10英尺(约3米)长。这些强健的鱼儿能从水中跃出几英尺高，不过目前人们还不清楚它们是如何做到这些的。

### 2.飞行狐猴

鼯猴家族的飞行狐猴既不是真正的狐猴，也不会真飞。它们的马来群岛名字猫猴非常出名。这些哺乳动物生活在东南亚，大小跟家猫差不多。飞行狐猴利用前后腿之间的翼膜在树与树之间滑翔，这层皮肤薄膜从脖子一直延伸到尾部。猫猴的脚趾间甚至长有蹼。飞行狐猴并不是狐猴，它们是与灵长类动物亲缘关系最近的四种鼯猴。

### 3.飞鱼

世界上大约有50种飞鱼，事实上它们不是飞行，而是利用有力的胸鳍从水中一跃而起。大部分飞鱼生活在热带水域。据观察，有些飞鱼跃起后，可在水上滑翔长达45秒。然而为什么它们要跃入空中呢？这可能是因为空气比水的阻力更小，它们通过跃入空中的方式，更快地前进。至少在它们需要呼吸以前，它们都可以一直待在空中。

### 4.飞蛇

飞蛇即天堂金花蛇，生活在东南亚的雨林里。这种蛇没有翼膜，而是把体表展开到最大限度后从树梢跳下，在空中滑翔。这种蛇从一端滑行到另一端，慢慢靠近自己的既定目的地。大家可能认为飞蛇非常可怕，但是这种蛇被正式归为"无害"蛇类。